MILEAGE LOG

MAKE:		MODEL:		YEAR:
DATE:	**ODOMETER: START | END**		**TOTAL:**	**DESTINATION / PURPOSE:**

MILEAGE LOG

MAKE:		MODEL:		YEAR:
DATE:	ODOMETER: START | END		TOTAL:	DESTINATION / PURPOSE:

MILEAGE LOG

MAKE:	MODEL:	YEAR:

DATE:	ODOMETER: START | END		TOTAL:	DESTINATION / PURPOSE:

MILEAGE LOG

MAKE:		MODEL:		YEAR:
DATE:	**ODOMETER: START | END**		**TOTAL:**	**DESTINATION / PURPOSE:**

MILEAGE LOG

MAKE:	MODEL:	YEAR:

DATE:	ODOMETER: START	END	TOTAL:	DESTINATION / PURPOSE:

MILEAGE LOG

MAKE:		MODEL:		YEAR:
DATE:	ODOMETER: START | END		TOTAL:	DESTINATION / PURPOSE:

MILEAGE LOG

MAKE:		MODEL:		YEAR:
DATE:	ODOMETER: START | END		TOTAL:	DESTINATION / PURPOSE:

MILEAGE LOG

<table>
<tr><th colspan="2">MAKE:</th><th colspan="2">MODEL:</th><th>YEAR:</th></tr>
<tr><th>DATE:</th><th colspan="2">ODOMETER:
START | END</th><th>TOTAL:</th><th>DESTINATION /
PURPOSE:</th></tr>
<tr><td></td><td></td><td></td><td></td><td></td></tr>
<tr><td></td><td></td><td></td><td></td><td></td></tr>
<tr><td></td><td></td><td></td><td></td><td></td></tr>
<tr><td></td><td></td><td></td><td></td><td></td></tr>
<tr><td></td><td></td><td></td><td></td><td></td></tr>
<tr><td></td><td></td><td></td><td></td><td></td></tr>
<tr><td></td><td></td><td></td><td></td><td></td></tr>
<tr><td></td><td></td><td></td><td></td><td></td></tr>
<tr><td></td><td></td><td></td><td></td><td></td></tr>
<tr><td></td><td></td><td></td><td></td><td></td></tr>
<tr><td></td><td></td><td></td><td></td><td></td></tr>
<tr><td></td><td></td><td></td><td></td><td></td></tr>
<tr><td></td><td></td><td></td><td></td><td></td></tr>
<tr><td></td><td></td><td></td><td></td><td></td></tr>
<tr><td></td><td></td><td></td><td></td><td></td></tr>
</table>

MILEAGE LOG

MAKE:		MODEL:		YEAR:
DATE:	ODOMETER: START | END		TOTAL:	DESTINATION / PURPOSE:

MILEAGE LOG

<table>
<tr><td colspan="2">MAKE:</td><td colspan="2">MODEL:</td><td>YEAR:</td></tr>
<tr><td>DATE:</td><td colspan="2">ODOMETER:
START | END</td><td>TOTAL:</td><td>DESTINATION /
PURPOSE:</td></tr>
<tr><td></td><td></td><td></td><td></td><td></td></tr>
<tr><td></td><td></td><td></td><td></td><td></td></tr>
<tr><td></td><td></td><td></td><td></td><td></td></tr>
<tr><td></td><td></td><td></td><td></td><td></td></tr>
<tr><td></td><td></td><td></td><td></td><td></td></tr>
<tr><td></td><td></td><td></td><td></td><td></td></tr>
<tr><td></td><td></td><td></td><td></td><td></td></tr>
<tr><td></td><td></td><td></td><td></td><td></td></tr>
<tr><td></td><td></td><td></td><td></td><td></td></tr>
<tr><td></td><td></td><td></td><td></td><td></td></tr>
<tr><td></td><td></td><td></td><td></td><td></td></tr>
<tr><td></td><td></td><td></td><td></td><td></td></tr>
<tr><td></td><td></td><td></td><td></td><td></td></tr>
<tr><td></td><td></td><td></td><td></td><td></td></tr>
<tr><td></td><td></td><td></td><td></td><td></td></tr>
</table>

MILEAGE LOG

MAKE:		MODEL:		YEAR:
DATE:	ODOMETER: START | END		TOTAL:	DESTINATION / PURPOSE:

MILEAGE LOG

MAKE:		MODEL:		YEAR:
DATE:	ODOMETER: START | END		TOTAL:	DESTINATION / PURPOSE:

MILEAGE LOG

MAKE:	MODEL:	YEAR:

DATE:	ODOMETER: START | END		TOTAL:	DESTINATION / PURPOSE:

MILEAGE LOG

MAKE:		MODEL:		YEAR:
DATE:	ODOMETER: START | END		TOTAL:	DESTINATION / PURPOSE:

MILEAGE LOG

MAKE:		MODEL:		YEAR:
DATE:	ODOMETER: START | END		TOTAL:	DESTINATION / PURPOSE:

MILEAGE LOG

MAKE:		MODEL:		YEAR:
DATE:	**ODOMETER: START | END**		**TOTAL:**	**DESTINATION / PURPOSE:**

MILEAGE LOG

MAKE:		MODEL:		YEAR:
DATE:	ODOMETER: START | END		TOTAL:	DESTINATION / PURPOSE:

MILEAGE LOG

MAKE:		MODEL:		YEAR:
DATE:	ODOMETER: START | END		TOTAL:	DESTINATION / PURPOSE:

MILEAGE LOG

<table>
<tr><td colspan="2">MAKE:</td><td colspan="2">MODEL:</td><td>YEAR:</td></tr>
<tr><td>DATE:</td><td colspan="2">ODOMETER:
START | END</td><td>TOTAL:</td><td>DESTINATION /
PURPOSE:</td></tr>
<tr><td></td><td></td><td></td><td></td><td></td></tr>
<tr><td></td><td></td><td></td><td></td><td></td></tr>
<tr><td></td><td></td><td></td><td></td><td></td></tr>
<tr><td></td><td></td><td></td><td></td><td></td></tr>
<tr><td></td><td></td><td></td><td></td><td></td></tr>
<tr><td></td><td></td><td></td><td></td><td></td></tr>
<tr><td></td><td></td><td></td><td></td><td></td></tr>
<tr><td></td><td></td><td></td><td></td><td></td></tr>
<tr><td></td><td></td><td></td><td></td><td></td></tr>
<tr><td></td><td></td><td></td><td></td><td></td></tr>
<tr><td></td><td></td><td></td><td></td><td></td></tr>
<tr><td></td><td></td><td></td><td></td><td></td></tr>
<tr><td></td><td></td><td></td><td></td><td></td></tr>
<tr><td></td><td></td><td></td><td></td><td></td></tr>
<tr><td></td><td></td><td></td><td></td><td></td></tr>
</table>

MILEAGE LOG

MAKE:		MODEL:		YEAR:
DATE:	ODOMETER: START | END		TOTAL:	DESTINATION / PURPOSE:

MILEAGE LOG

MAKE:		MODEL:		YEAR:
DATE:	ODOMETER: START | END		TOTAL:	DESTINATION / PURPOSE:

MILEAGE LOG

MAKE:		MODEL:		YEAR:
DATE:	ODOMETER: START | END		TOTAL:	DESTINATION / PURPOSE:

MILEAGE LOG

MAKE:		MODEL:		YEAR:
DATE:	ODOMETER: START | END		TOTAL:	DESTINATION / PURPOSE:

MILEAGE LOG

MAKE:		MODEL:		YEAR:
DATE:	ODOMETER: START | END		TOTAL:	DESTINATION / PURPOSE:

MILEAGE LOG

<table>
<tr><td colspan="2">MAKE:</td><td colspan="2">MODEL:</td><td>YEAR:</td></tr>
<tr><td>DATE:</td><td colspan="2">ODOMETER:
START | END</td><td>TOTAL:</td><td>DESTINATION /
PURPOSE:</td></tr>
<tr><td></td><td></td><td></td><td></td><td></td></tr>
<tr><td></td><td></td><td></td><td></td><td></td></tr>
<tr><td></td><td></td><td></td><td></td><td></td></tr>
<tr><td></td><td></td><td></td><td></td><td></td></tr>
<tr><td></td><td></td><td></td><td></td><td></td></tr>
<tr><td></td><td></td><td></td><td></td><td></td></tr>
<tr><td></td><td></td><td></td><td></td><td></td></tr>
<tr><td></td><td></td><td></td><td></td><td></td></tr>
<tr><td></td><td></td><td></td><td></td><td></td></tr>
<tr><td></td><td></td><td></td><td></td><td></td></tr>
<tr><td></td><td></td><td></td><td></td><td></td></tr>
<tr><td></td><td></td><td></td><td></td><td></td></tr>
<tr><td></td><td></td><td></td><td></td><td></td></tr>
<tr><td></td><td></td><td></td><td></td><td></td></tr>
<tr><td></td><td></td><td></td><td></td><td></td></tr>
</table>

MILEAGE LOG

MAKE:		MODEL:		YEAR:
DATE:	ODOMETER: START | END		TOTAL:	DESTINATION / PURPOSE:

MILEAGE LOG

MAKE:	MODEL:	YEAR:

DATE:	ODOMETER: START	END	TOTAL:	DESTINATION / PURPOSE:

MILEAGE LOG

MAKE:		MODEL:		YEAR:
DATE:	ODOMETER: START | END		TOTAL:	DESTINATION / PURPOSE:

MILEAGE LOG

MAKE:		MODEL:		YEAR:
DATE:	**ODOMETER: START | END**		**TOTAL:**	**DESTINATION / PURPOSE:**

MILEAGE LOG

MAKE:		MODEL:		YEAR:
DATE:	**ODOMETER: START | END**		**TOTAL:**	**DESTINATION / PURPOSE:**

MILEAGE LOG

MAKE:		MODEL:		YEAR:
DATE:	ODOMETER: START | END		TOTAL:	DESTINATION / PURPOSE:

MILEAGE LOG

MAKE:		MODEL:		YEAR:
DATE:	ODOMETER: START | END		TOTAL:	DESTINATION / PURPOSE:

MILEAGE LOG

MAKE:	MODEL:	YEAR:

DATE:	ODOMETER: START | END		TOTAL:	DESTINATION / PURPOSE:

MILEAGE LOG

MAKE:		MODEL:		YEAR:
DATE:	ODOMETER: START | END		TOTAL:	DESTINATION / PURPOSE:

MILEAGE LOG

MAKE:		**MODEL:**		**YEAR:**
DATE:	**ODOMETER:** **START | END**		**TOTAL:**	**DESTINATION / PURPOSE:**

MILEAGE LOG

MAKE:		MODEL:		YEAR:
DATE:	ODOMETER: START | END		TOTAL:	DESTINATION / PURPOSE:

MILEAGE LOG

MAKE:	MODEL:	YEAR:

DATE:	ODOMETER: START | END		TOTAL:	DESTINATION / PURPOSE:

MILEAGE LOG

MAKE:		MODEL:		YEAR:
DATE:	ODOMETER: START | END		TOTAL:	DESTINATION / PURPOSE:

MILEAGE LOG

MAKE:		MODEL:		YEAR:
DATE:	ODOMETER: START | END		TOTAL:	DESTINATION / PURPOSE:

MILEAGE LOG

MAKE:		MODEL:		YEAR:
DATE:	ODOMETER: START | END		TOTAL:	DESTINATION / PURPOSE:

MILEAGE LOG

MAKE:		MODEL:		YEAR:
DATE:	ODOMETER: START | END		TOTAL:	DESTINATION / PURPOSE:

MILEAGE LOG

MAKE:		MODEL:		YEAR:
DATE:	**ODOMETER: START | END**		**TOTAL:**	**DESTINATION / PURPOSE:**

MILEAGE LOG

MAKE:	MODEL:	YEAR:

DATE:	ODOMETER: START | END		TOTAL:	DESTINATION / PURPOSE:

MILEAGE LOG

MAKE:		MODEL:		YEAR:
DATE:	**ODOMETER: START | END**		**TOTAL:**	**DESTINATION / PURPOSE:**

MILEAGE LOG

MAKE:		MODEL:		YEAR:
DATE:	ODOMETER: START | END		TOTAL:	DESTINATION / PURPOSE:

MILEAGE LOG

MAKE:		MODEL:		YEAR:
DATE:	**ODOMETER: START | END**		**TOTAL:**	**DESTINATION / PURPOSE:**

MILEAGE LOG

MAKE:	MODEL:		YEAR:

DATE:	ODOMETER: START | END		TOTAL:	DESTINATION / PURPOSE:

MILEAGE LOG

MAKE:		MODEL:		YEAR:
DATE:	ODOMETER: START | END		TOTAL:	DESTINATION / PURPOSE:

MILEAGE LOG

MAKE:		MODEL:		YEAR:
DATE:	ODOMETER: START | END		TOTAL:	DESTINATION / PURPOSE:

MILEAGE LOG

MAKE:		MODEL:		YEAR:
DATE:	ODOMETER: START | END		TOTAL:	DESTINATION / PURPOSE:

MILEAGE LOG

MAKE:		MODEL:		YEAR:
DATE:	ODOMETER: START | END		TOTAL:	DESTINATION / PURPOSE:

MILEAGE LOG

MAKE:		MODEL:		YEAR:
DATE:	ODOMETER: START	END	TOTAL:	DESTINATION / PURPOSE:

MILEAGE LOG

MAKE:		MODEL:		YEAR:
DATE:	ODOMETER: START | END		TOTAL:	DESTINATION / PURPOSE:

MILEAGE LOG

MAKE:		MODEL:		YEAR:
DATE:	ODOMETER: START | END		TOTAL:	DESTINATION / PURPOSE:

MILEAGE LOG

MAKE:	MODEL:	YEAR:

DATE:	ODOMETER: START | END		TOTAL:	DESTINATION / PURPOSE:

MILEAGE LOG

MAKE:		MODEL:		YEAR:
DATE:	ODOMETER: START | END		TOTAL:	DESTINATION / PURPOSE:

MILEAGE LOG

MAKE:		MODEL:		YEAR:
DATE:	**ODOMETER: START | END**		**TOTAL:**	**DESTINATION / PURPOSE:**

MILEAGE LOG

MAKE:		MODEL:		YEAR:
DATE:	ODOMETER: START | END		TOTAL:	DESTINATION / PURPOSE:

MILEAGE LOG

MAKE:	MODEL:	YEAR:

DATE:	ODOMETER: START	END	TOTAL:	DESTINATION / PURPOSE:

MILEAGE LOG

MAKE:		**MODEL:**		**YEAR:**
DATE:	**ODOMETER: START | END**		**TOTAL:**	**DESTINATION / PURPOSE:**

MILEAGE LOG

MAKE:		**MODEL:**		**YEAR:**
DATE:	**ODOMETER: START | END**		**TOTAL:**	**DESTINATION / PURPOSE:**

MILEAGE LOG

MAKE:		MODEL:		YEAR:
DATE:	ODOMETER: START | END		TOTAL:	DESTINATION / PURPOSE:

MILEAGE LOG

MAKE:		MODEL:		YEAR:
DATE:	**ODOMETER: START | END**		**TOTAL:**	**DESTINATION / PURPOSE:**

MILEAGE LOG

MAKE:		MODEL:		YEAR:
DATE:	ODOMETER: START | END		TOTAL:	DESTINATION / PURPOSE:

MILEAGE LOG

MAKE:		MODEL:		YEAR:
DATE:	ODOMETER: START | END		TOTAL:	DESTINATION / PURPOSE:

MILEAGE LOG

MAKE:		MODEL:		YEAR:
DATE:	**ODOMETER: START | END**		**TOTAL:**	**DESTINATION / PURPOSE:**

MILEAGE LOG

MAKE:		MODEL:		YEAR:
DATE:	ODOMETER: START | END		TOTAL:	DESTINATION / PURPOSE:

MILEAGE LOG

MAKE:		MODEL:		YEAR:
DATE:	ODOMETER: START | END		TOTAL:	DESTINATION / PURPOSE:

MILEAGE LOG

MAKE:		MODEL:		YEAR:
DATE:	ODOMETER: START | END		TOTAL:	DESTINATION / PURPOSE:

MILEAGE LOG

MAKE:		MODEL:		YEAR:
DATE:	ODOMETER: START | END		TOTAL:	DESTINATION / PURPOSE:

MILEAGE LOG

MAKE:		MODEL:		YEAR:
DATE:	ODOMETER: START | END		TOTAL:	DESTINATION / PURPOSE:

MILEAGE LOG

MAKE:		MODEL:		YEAR:
DATE:	ODOMETER: START | END		TOTAL:	DESTINATION / PURPOSE:

MILEAGE LOG

MAKE:		MODEL:		YEAR:
DATE:	**ODOMETER: START | END**		**TOTAL:**	**DESTINATION / PURPOSE:**

MILEAGE LOG

MAKE:		MODEL:		YEAR:
DATE:	ODOMETER: START | END		TOTAL:	DESTINATION / PURPOSE:

MILEAGE LOG

<table>
<tr><td colspan="2">MAKE:</td><td colspan="2">MODEL:</td><td>YEAR:</td></tr>
<tr><td>DATE:</td><td colspan="2">ODOMETER:
START | END</td><td>TOTAL:</td><td>DESTINATION /
PURPOSE:</td></tr>
<tr><td></td><td></td><td></td><td></td><td></td></tr>
<tr><td></td><td></td><td></td><td></td><td></td></tr>
<tr><td></td><td></td><td></td><td></td><td></td></tr>
<tr><td></td><td></td><td></td><td></td><td></td></tr>
<tr><td></td><td></td><td></td><td></td><td></td></tr>
<tr><td></td><td></td><td></td><td></td><td></td></tr>
<tr><td></td><td></td><td></td><td></td><td></td></tr>
<tr><td></td><td></td><td></td><td></td><td></td></tr>
<tr><td></td><td></td><td></td><td></td><td></td></tr>
<tr><td></td><td></td><td></td><td></td><td></td></tr>
<tr><td></td><td></td><td></td><td></td><td></td></tr>
<tr><td></td><td></td><td></td><td></td><td></td></tr>
<tr><td></td><td></td><td></td><td></td><td></td></tr>
<tr><td></td><td></td><td></td><td></td><td></td></tr>
<tr><td></td><td></td><td></td><td></td><td></td></tr>
</table>

MILEAGE LOG

MAKE:		MODEL:		YEAR:
DATE:	ODOMETER: START | END		TOTAL:	DESTINATION / PURPOSE:

MILEAGE LOG

MAKE:		MODEL:		YEAR:
DATE:	**ODOMETER: START | END**		**TOTAL:**	**DESTINATION / PURPOSE:**

MILEAGE LOG

MAKE:		MODEL:		YEAR:
DATE:	ODOMETER: START | END		TOTAL:	DESTINATION / PURPOSE:

MILEAGE LOG

MAKE:		MODEL:		YEAR:
DATE:	**ODOMETER: START | END**		**TOTAL:**	**DESTINATION / PURPOSE:**

MILEAGE LOG

MAKE:		MODEL:		YEAR:
DATE:	ODOMETER: START | END		TOTAL:	DESTINATION / PURPOSE:

MILEAGE LOG

MAKE:		MODEL:		YEAR:
DATE:	ODOMETER: START	END	TOTAL:	DESTINATION / PURPOSE:

MILEAGE LOG

MAKE:		MODEL:		YEAR:
DATE:	**ODOMETER: START | END**		**TOTAL:**	**DESTINATION / PURPOSE:**

MILEAGE LOG

MAKE:		MODEL:		YEAR:
DATE:	ODOMETER: START | END		TOTAL:	DESTINATION / PURPOSE:

MILEAGE LOG

MAKE:		MODEL:		YEAR:
DATE:	ODOMETER: START | END		TOTAL:	DESTINATION / PURPOSE:

MILEAGE LOG

MAKE:		MODEL:		YEAR:
DATE:	ODOMETER: START | END		TOTAL:	DESTINATION / PURPOSE:

MILEAGE LOG

MAKE:		MODEL:		YEAR:
DATE:	ODOMETER: START | END		TOTAL:	DESTINATION / PURPOSE:

MILEAGE LOG

MAKE:		MODEL:		YEAR:
DATE:	ODOMETER: START | END		TOTAL:	DESTINATION / PURPOSE:

MILEAGE LOG

MAKE:		MODEL:		YEAR:
DATE:	ODOMETER: START | END		TOTAL:	DESTINATION / PURPOSE:

MILEAGE LOG

MAKE:		MODEL:		YEAR:
DATE:	ODOMETER: START | END		TOTAL:	DESTINATION / PURPOSE:

MILEAGE LOG

MAKE:		**MODEL:**		**YEAR:**
DATE:	**ODOMETER: START | END**		**TOTAL:**	**DESTINATION / PURPOSE:**

MILEAGE LOG

MAKE:		MODEL:		YEAR:
DATE:	ODOMETER: START | END		TOTAL:	DESTINATION / PURPOSE:

MILEAGE LOG

MAKE:		MODEL:		YEAR:
DATE:	ODOMETER: START | END		TOTAL:	DESTINATION / PURPOSE:

MILEAGE LOG

MAKE:		MODEL:		YEAR:
DATE:	ODOMETER: START | END		TOTAL:	DESTINATION / PURPOSE:

MILEAGE LOG

MAKE:		MODEL:		YEAR:
DATE:	ODOMETER: START | END		TOTAL:	DESTINATION / PURPOSE:

MILEAGE LOG

MAKE:		MODEL:		YEAR:
DATE:	ODOMETER: START | END		TOTAL:	DESTINATION / PURPOSE:

MILEAGE LOG

MAKE:		MODEL:		YEAR:
DATE:	ODOMETER: START | END		TOTAL:	DESTINATION / PURPOSE:

MILEAGE LOG

MAKE:		MODEL:		YEAR:
DATE:	**ODOMETER: START | END**		**TOTAL:**	**DESTINATION / PURPOSE:**

MILEAGE LOG

MAKE:		MODEL:		YEAR:
DATE:	ODOMETER: START | END		TOTAL:	DESTINATION / PURPOSE:

MILEAGE LOG

MAKE:		MODEL:		YEAR:
DATE:	ODOMETER: START | END		TOTAL:	DESTINATION / PURPOSE:

MILEAGE LOG

MAKE:		MODEL:		YEAR:
DATE:	ODOMETER: START | END		TOTAL:	DESTINATION / PURPOSE:

MILEAGE LOG

MAKE:		MODEL:		YEAR:
DATE:	ODOMETER: START | END		TOTAL:	DESTINATION / PURPOSE:

MILEAGE LOG

MAKE:		MODEL:		YEAR:
DATE:	ODOMETER: START | END		TOTAL:	DESTINATION / PURPOSE:

MILEAGE LOG

MAKE:		MODEL:		YEAR:
DATE:	ODOMETER: START	END	TOTAL:	DESTINATION / PURPOSE:

MILEAGE LOG

MAKE:		MODEL:		YEAR:
DATE:	ODOMETER: START | END		TOTAL:	DESTINATION / PURPOSE:

MILEAGE LOG

MAKE:		MODEL:		YEAR:
DATE:	ODOMETER: START | END		TOTAL:	DESTINATION / PURPOSE:

MILEAGE LOG

MAKE:		MODEL:		YEAR:
DATE:	**ODOMETER: START | END**		**TOTAL:**	**DESTINATION / PURPOSE:**

MILEAGE LOG

MAKE:		MODEL:		YEAR:
DATE:	ODOMETER: START | END		TOTAL:	DESTINATION / PURPOSE:

MILEAGE LOG

MAKE:		MODEL:		YEAR:
DATE:	ODOMETER: START | END		TOTAL:	DESTINATION / PURPOSE:

MILEAGE LOG

MAKE:		MODEL:		YEAR:
DATE:	**ODOMETER: START | END**		**TOTAL:**	**DESTINATION / PURPOSE:**

MILEAGE LOG

MAKE:		MODEL:		YEAR:
DATE:	ODOMETER: START | END		TOTAL:	DESTINATION / PURPOSE:

Made in the USA
Las Vegas, NV
19 December 2022

63549330R00066